榊 晃弘写真集

中国の古橋

悠久の時を超えて

花乱社

古橋を求めて南船北馬

日本の石橋を守る会・元会長
片寄俊秀

　本書は中国各地の古橋を訪ねて，人が自然とどのように関わってきたかを写真に表現した稀に見る芸術作品である。加えて中国全土の数多ある古橋の中から，著者が周到な調査と準備を重ね，確かな眼力で選りすぐった数々を一挙に紹介したという点で，きわめて高い資料価値がある。石橋キチの一人として本書のご出版をお慶びするとともに，心からの御礼を申し上げたい。一枚一枚の写真には，榊さんの思いと深い愛情が込められている。どの古橋も生き生きとしているのは，今も現役で人々の暮らしをしっかりと支えているからであるが，その表情をこれだけ美しく引き出したのはまさに写真家としての力量である。

　榊さんは，装飾古墳に始まり，九州の石橋から各地の歴史的な町並みを経て，ポルトガル，スペインなど南欧の石橋へと，後世に残すべき人類の貴重な遺産を写真作品に表わすという尊い仕事を重ねてこられた。その共通するモチーフは，これまであまり陽のあたってこなかった「名もなき民衆の所産」である。中でも古橋は人々の暮らしを文字通り下から支えてきた，どちらかといえば地味な技術的文化財であったが，実はその「用の美」に加えて，これほどまでも魅力的な，美しい存在でもあったのだ。

　1970年から96年までの私の長崎在住時代の初期に，石橋研究家の故山口佑造さんのお引き合わせで榊さんと出会った。長崎造船大学（現・長崎総合科学大学）の建築学科の教員をしていた私は，石橋好きの学生の手引きで長崎市内の中島川にかかる眼鏡橋をはじめとするアーチ石橋群に出会い，魅せられた。あの重くて硬い石が人の手で加工され，「技術」の力で組み上げられて，何とも優美で柔らかい曲線を描いて宙空に浮いているのに驚嘆した。しばしば「技術」と「芸術」とは対立した図式で語られるが，この不思議な構造物は，まさしく両者の結合した存在ではないかと思った。以来，私自身も長崎から九州一円へ，さらには海外の各地へと石橋行脚を重ねた。どの橋にも一つ一つ架橋をめぐる物語があり，地域の材料を使い地域の人々が叡智を傾けて建造したものであるから，おのずと風土に溶け込み，素晴らしい景観を構成する存在であった。

　しかしわが国では時代の波に呑まれてか，石橋が次々と姿を消していく。これではいけないと石橋の保全と現代的活用を研究するために山口佑造さんたちと「日本の石橋を守る会」を設立したが，当時は「古臭い石橋」などに関心を示す人はきわめて限られていた。その中の数少ない同志であり先達の一人であったのが榊さんである。

　21世紀に入って世界的には石橋のブームが沸き起こっており，各国で相次いで内容の濃い石橋研究の本が出版されている。筆者の知り得ただけでもポルトガル，イギリス，ドイツ，フランスそして中国の詳しい資料が揃った。やはり洋の東西を問わず，年月を経た石橋の存在が都市や地域の風格形成に大き

く貢献することが，改めて理解されてきたのであろう。（残念なことにわが国ではまだ本格的な研究書が出ていない。なお，通潤橋の畔の熊本県山都町立図書館が内外の石橋関連文献をおそらく日本でいちばん所蔵されている。）

じっさい世界の著名な都市の多くにおいて，街のど真ん中に壮大なアーチ石橋がどっしりと座っていて都市の風格を形成している。パリのポン・ヌフ，フィレンツェのポンテ・ヴェッキオ，ヴェネツィアのリアルト橋，アルト・ハイデルブルグのアルテ・ブリュッケ，プラハのカレル橋……これらの都市で，もし石橋が「古臭い」として撤去されたならば都市の風格は一挙に下がることであろうし，何よりも市民がそれを許すはずもない。

わが国でいま唯一，都心部に堂々と残っているのは長崎市の眼鏡橋である。1982年7月の大水害のあと撤去の計画が決定されていたのを，市民の強い願いをいれて河川管理者が計画を変更して現地残存に踏み切ってくれた。これは河川が単なる通水路ではなく，市民の暮らしの場としての都市のありよう，なかんずく都市の風格形成に深く関係することを考慮すべきとした，わが国の河川行政の歴史的な転換点ともなった事例である。

さて，中国の古橋である。中国の南の方は川や湖が多く北の方は山が多いので，この移動手段がいわゆる「南船北馬」である。橋が多くあるのは南部であり，中でも「江」のつく江西省，浙江省，江蘇省はいずれも揚子江に隣接する水郷地帯で「家を出れば橋二つ」と言う。もちろん急峻な地を含む北の方にも川や谷を渡る街道には石橋や木橋が数多くあり，著名な中国橋梁研究の老大家である故茅以升先生のお言葉に，中国には百万橋を超えるアーチ石橋がある，とあった。

南欧の石橋の仕事を終えたあと，次なるターゲットを石橋大国ともいうべき中国の古橋に向けるという榊さんのご計画を伺ったとき，どう考えても無謀な企てだと思った。広大な中国の大地の中に散在している膨大な数の石橋の中から，どれを選び，それをいかなる手段で巡るのか。しかし榊さんは綿密な事前調査を踏まえて大胆な計画をたて，足掛け5年間という長い年月をかけてこの偉業を遂行されたのである。その驚くべき情熱と勇気とひたむきな姿勢には本当に頭が下がる。

本書を通じて，中国の技術の流れの中に「古為今用」（古の技を現代に生かす）の思想が脈々と流れていることを知った。今回紹介していただいたすばらしい古橋のすべてが今なお現役で人々の暮らしを支えているのは，それを維持し保全するための努力と技術が中国の民衆の中に脈々と受け継がれていることを物語っている。本書が，わが国の石橋文化の発展に新しい地平を開くきっかけになることを心から念じたい。

万年橋（江西省）

橋 目 次

*各橋頭の数字は地図との対照番号／同一橋名あり

▷浙江省

- ❶太平橋……6
- ❷拱宸橋……8
- ❸金清大橋……9
- ❹双林三橋……10
- ❺広済橋……12
- ❻長虹橋……13
- ❼文星橋……14
- ❽酒橋……14
- ❾接渡橋……14
- ❿八字橋……15
- ⓫通済橋……15
- ⓬玉澗橋……15
- ⓭五洞橋……16
- ⓮三洞橋……16
- ⓯恩波橋……16
- ⓰文虹橋……17
- ⓱蔡橋……17
- ⓲万橋……17
- ⓳三十六丁歩石荇橋……18
- ⓴十三洞橋……20
- ㉑虹明橋……20
- ㉒三眼橋……20
- ㉓通済橋……21
- ㉔貯壺橋……21
- ㉕高橋……21
- ㉖長生橋……22
- ㉗慈善橋……22
- ㉘泗籠橋……23
- ㉙鎮寧橋……23
- ㉚登瀛橋……23
- ㉛万年橋……24
- ㉜青水坑橋……24
- ㉝古洞橋……25
- ㉞白雲橋……25
- ㉟阮社繊道橋……26
- ㊱避塘橋……28
- ㊲仕水矴歩橋……29
- ㊳鼎峰湖石梁橋……30
- ㊴戌己橋……30
- ㊵前湖橋……30
- ㊶聯安石板橋……31
- ㊷八卦橋……31
- ㊸板堰橋……31
- ㊹永和橋……32
- ㊺通州橋……33
- ㊻歩蟾橋……33
- ㊼如龍橋……34
- ㊽渓東橋……36
- ㊾蘭渓橋……37
- ㊿北澗橋……37
- 51 黄水長橋……38
- 52 后坑橋……39
- 53 薛宅橋……40
- 54 文興橋……41

▷上海市

- 55 大倉橋……42
- 56 放生橋……43
- 57 秀塘橋……44
- 58 普済橋……45
- 59 天皇閣橋……45
- 60 林老橋……46
- 61 迎祥橋……47
- 62 金澤放生橋……47

▷江蘇省

- 63 宝帯橋……48
- 64 行春橋……50
- 65 上坊橋……51
- 66 呉門橋……52
- 67 楓橋……53
- 68 五亭橋……54

▷山東省

- 69 永済橋……55
- 70 信量橋……56
- 71 卞橋……58

▷河北省

- 72 単橋……60
- 73 趙州橋……62
- 74 永通橋……64
- 75 杜林澄瀛橋……65
- 76 清明橋……66
- 77 貴妃橋……66
- 78 弘済橋……67
- 79 彩亭橋……67
- 80 永済橋……68
- 81 安済橋……69
- 82 胡良橋……69
- 83 涿州永済橋……70
- 84 磁県滏陽橋……72
- 85 方順橋……73
- 86 蛤蟆橋……74
- 87 清東陵石橋……75
- 88 渡津橋……76
- 89 井陘橋楼殿……77

▷北京市

- 90 盧溝橋……78
- 91 玉帯橋……82
- 92 荇橋……83
- 93 琉璃河大橋……84
- 94 北海公園永安橋……85
- 95 十七孔橋……86

▷天津市

- 96 果香峪橋……88

▷遼寧省

- 97 永安橋……88
- 98 牛庄鎮太平橋……89

▷山西省

- 99 魚沼飛梁橋……89
- 100 景徳橋……89
- 101 恵済橋……90
- 102 普済橋……91

▷河南省

- 103 北汝南河橋……92
- 104 雲渓橋……92
- 105 済民橋……92
- 106 小商橋……93

▷安徽省

- 107 登封橋……94
- 108 鎮海橋……96
- 109 北渓橋……97
- 110 蘭渡橋……98
- 111 古城橋……99

▷湖北省

- 112 万壽橋……100
- 113 白沙橋……101
- 114 東門橋……102
- 115 磨橋……103
- 116 保積祠跳式橋……103

▷陝西省

- 117 沙河九眼橋……104
- 118 毓秀橋……105
- 119 芝秀橋……106
- 120 龍橋……107

▷福建省

- 121 洛陽橋……108
- 122 安平橋……111
- 123 延壽橋……114
- 124 龍江橋……115
- 125 江口橋……116
- 126 江東橋……116
- 127 趙家堡汴派橋……117
- 128 蹴雲橋……117
- 129 木蘭陂・廻瀾橋……117
- 130 東関橋……118

▷江西省

- 131 栖賢橋……120
- 132 鹿岡橋……121
- 133 恩江大橋……121
- 134 万年橋……122

▷広東省

- 135 普済橋……124

▷湖南省

- 136 永豊橋……126
- 137 多安橋……127
- 138 十義橋……128
- 139 永福橋……130
- 140 呉家橋……131
- 141 峡山村石橋……131
- 142 観月橋……132
- 143 中歩三橋……132
- 144 回龍橋……132
- 145 普修橋……133
- 146 龍譚橋……133

▷貴州省

- 147 西江風雨橋……136
- 148 平越古城橋……137
- 149 姫昌橋……138
- 150 臥龍橋……139
- 151 葛鏡橋……140
- 152 堯所橋……142
- 153 大七孔橋……143
- 154 地坪風雨橋……144
- 155 朗徳上寨風雨橋……145
- 156 祝聖橋……146

▷広西チワン族自治区

- 157 富里橋……148
- 158 銅橋……148
- 159 桂林花橋……148
- 160 遇龍橋……149
- 161 程陽橋……150

▷雲南省

- 162 双竜橋……152

▷四川省

- 163 珠浦橋……154
- 164 瀘定橋……155

❖橋の解説については下記の内容を記載した。不詳分あり。
　名称
　　所在地〈河川・運河名〉
　　　別名，創建・改修・再建時期，橋のデータ，特徴やエピソード

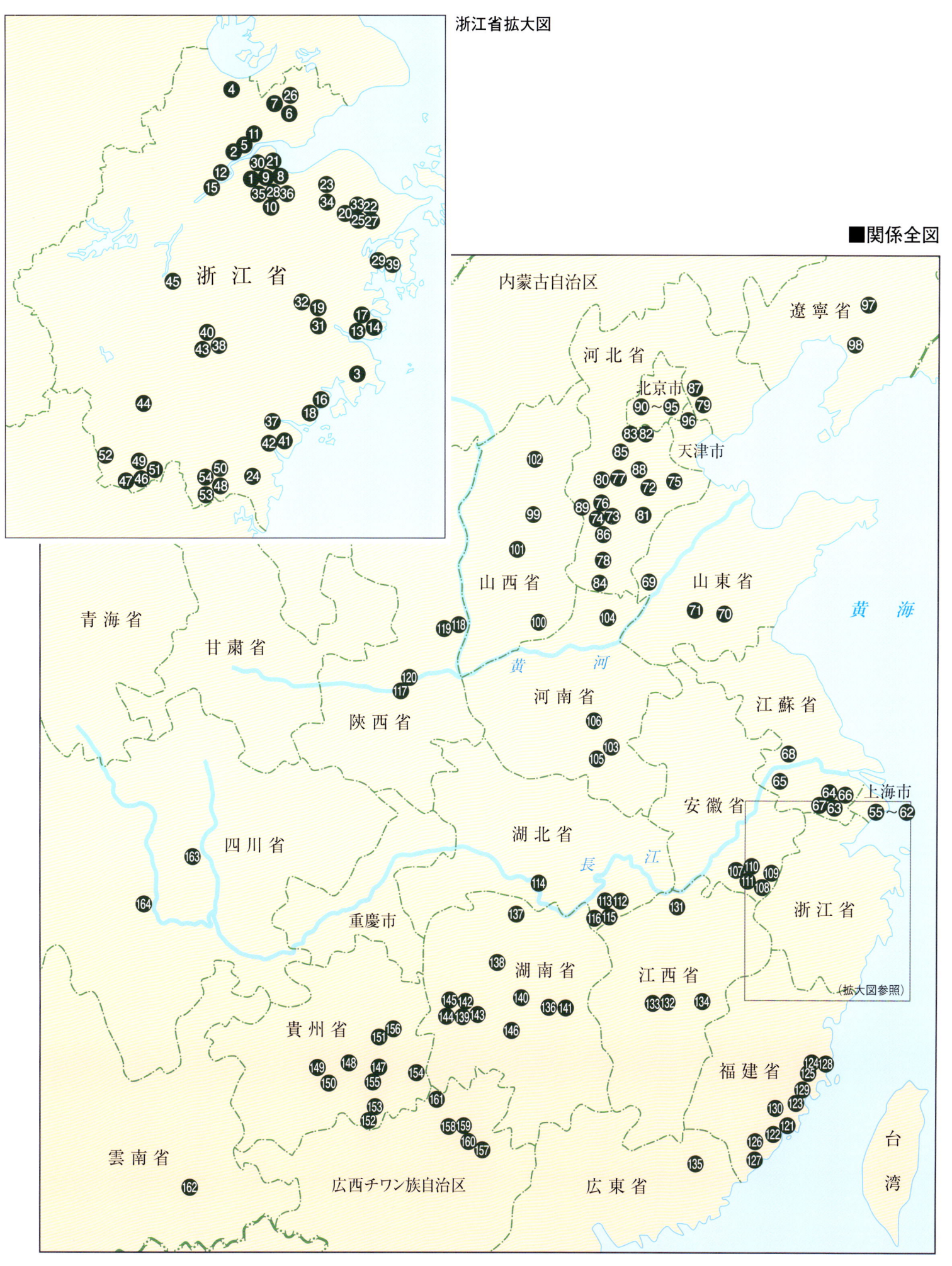
浙江省拡大図　■関係全図

太平橋
浙江省紹興市紹興県柯橋鎮阮社〈浙東古運河，蕭興運河〉
明代の1622年に創建，清代の1858年に重修。全長50m，幅3.5m。アーチ橋と桁橋を組み合わせた多径間の代表的な橋。

金清大橋
浙江省温嶺市新河鎮城南村〈金清港〉
別名・寺前橋。清代の1775年に架橋。全長64m，幅4.6m，高さ12mの波形アーチ橋。橋の両端に亭を備えている。国指定重要文化財。

拱宸橋
浙江省杭州市拱墅区台州路・麗水路〈京杭大運河〉
明代の1631年に創建，清代の1885年に再建。京杭大運河の南端に架かっている。全長98m，幅5.9m，高さ16mのアーチ橋。中央のアーチが大きく，両端に行くに従ってだんだん小さくなる，典型的な運河の橋。橋を護る空想上の石造動物が橋脚の前後に設置されている。

浙江省 9

双林三橋
浙江省湖州市南潯区双林鎮〈市河〉
明代（1368～1644年）から清代（1644～1911年）に架けられた，ほぼ同じ大きさ（全長46～51m，幅3.2～3.5m，高さ6.6～7m）の三つの3連アーチ橋（手前から万魁橋，化成橋，万元橋）が並んでいる。

10　浙江省

広済橋
浙江省杭州市余杭区塘栖鎮北西〈京杭大運河〉
明代の1494年に創建。全長78.7m，幅5.2m，高さ7.7m。

長虹橋
浙江省嘉興市王江涇鎮東〈京杭大運河〉
明代の1573〜1619年に創建，清代の1666・1812年にそれぞれ重建。全長72.8m，幅4.9m，高さ10.7mのアーチ橋。撮影時（2010年3月6日）は，前夜来の大雨で運河の水が溢れていた。

浙江省 13

文星橋
浙江省嘉興市南湖西岸・攬秀園内〈梅渓鴛鴦湖〉
清代の1821〜50年に架橋。全長38m，幅3.5m。

酒橋
浙江省紹興市越城区東浦鎮〈鵞池〉
清代（1644〜1911年）に架橋。全長10m，幅2.5m，高さ3.5m。

接渡橋
浙江省紹興市紹興県柯橋街道中澤村〈鶏籠江〉
清代（1644〜1911年）に架橋。全長55.4m，幅3.2m。

八字橋
浙江省紹興市八字橋真街東端〈水城河道〉
南宋代の1201～04年に創建，1256年に重建，清代の1783年に重修。中国古代最初の「立体交差橋」。全長27m，幅3.2m，高さ5mの単径間石梁橋。

通済橋
浙江省余姚市市内の南雷路（社義弄）〈姚江〉
宋代の1041～48年に創建，清代の1729～31年に重建。全長43.4m，幅5.6m。

玉澗橋
浙江省杭州市市内・西湖楊公堤景区内
別名・玉建橋。明代（1368～1644年）に創建。全長29.1m，幅4.8mの2連アーチ橋。杭州市桐廬県印渚鎮豊収村に架かっていた橋を2003年に移設した。

浙江省 15

五洞橋
浙江省台州市黄岩区〈永寧江別浦〉
南宋代の1196年に創建，清代の1735年に重建。全長65m，幅3.7mのアーチ橋。

三洞橋
浙江省台州市黄岩区霓橋金村〈西建河〉
清代の1753年に創建，1813年に重建。五洞橋の上流に架かっている。全長25m，幅3.3m，高さ7.2m。

恩波橋
浙江省富陽市市内〈莧浦河〉
北宋代の984年に創建，明代の1565年に木造橋を石橋に改建。全長57m，幅6m。

文虹橋
浙江省楽清市楽城鎮〈楽成鎮西運河〉
明代の1627年に創建。全長34m,幅5.6m の波形アーチ橋。

蔡橋
浙江省台州市椒江区章安鎮蔡橋村〈回浦,東邏浦〉
宋代の1234～36年に創建,清代の1794年に重建。全長24.8m,幅4.5mの単一アーチ橋。国指定重要文化財。

万橋
浙江省楽清市天成郷万橋村〈赤水港〉
宋代の1087年に創建,明代の1433年に重建。全長57.8m,幅3.9m,高さ7.5mの波形アーチ橋。国指定重要文化財。

浙江省

三十六丁歩石荐橋
浙江省臨海市白水洋鎮下宅行政村〈黄坦坑〉
1911～20年に架橋。全長22m，幅2.7m，高さ6.1mの八字形石梁橋。

浙江省 19

十三洞橋
浙江省寧波市鄞州区集士港鎮白岳村〈湖泊河〉
清代の1796〜1820年に架橋。全長53.3m, 幅2.2m, 高さ6m。

虹明橋
浙江省紹興県福全鎮徐山村〈村河〉
創建年代不詳, 清代の1801年に重建。全長58m, 幅1.3m。

三眼橋
浙江省寧波市鄞州区古林鎮茂新村〈張馬前河〉
清代（1644〜1911年）に架橋。全長9.6m, 幅1.3m, 高さ3.5m。

通済橋
浙江省杭州市余杭区余杭鎮北西〈南苕渓〉
後漢代の172～78年に創建，明代の1368年に木造橋を石橋に改建，清代の1757年に重建。全長50m，幅8.8m，高さ9.6m。

貯壺橋
浙江省温州市蒼南県巴艚鎮水心村〈肥艚〉
清代の1817年に架橋。全長78m，幅2.6m，高さ2.6m。

高橋
浙江省寧波市鄞州区高橋鎮〈後塘河〉
宋代の1256年に創建，清代の1882年に重建。全長28.5m，高さ6.8m，幅4.6mの単一アーチ橋。

浙江省　21

長生橋　　　　　　　　　　　　　［上］
浙江省嘉興市秀州区油車港鎮〈市河〉
清代の1790年に架橋。全長20.2m, 幅
3m, 高さ6m。

慈善橋　　　　　　　　　　　　　［下］
浙江省寧波市鄞州区（元の鄞県）鐘公廟鎮桃江村〈玉帯河〉
清代の1832〜35年に創建, 1917年に重修。全長25m, 幅
2.5m, 高さ5.5m。

泗籠橋
浙江省紹興市越城区東浦鎮魯東村〈鑒湖〉
唐代の8世紀頃に創建，清代の18世紀頃に再建。全長96.4m，幅2.3mの長い桁橋とアーチ橋を組み合わせた多径間の橋。国指定重要文化財。

鎮寧橋
浙江省寧波市寧海県茶院郷廟嶺村〈下埠頭渓〉
清代の1867年に架橋。全長81m，幅3.2mの石平橋。

登瀛橋
浙江省紹興市越城区斗門鎮荷湖村〈古荷湖〉
別名・古荷湖大橋。清代の1736〜95年に創建。全長117m，幅3.1m，高さ4.2m，14径間の石梁橋。国指定重要文化財。

浙江省 23

万年橋 ［上］
浙江省寧波市寧海県黄壇鎮双峰郷榧坑村〈大松渓〉
明代（1368～1644年）末～清代（1644～1911年）初期に創建，清代の1736～95年に重修。全長34m，幅5m，高さ8m。国指定重要文化財。

青水坑橋 ［下］
浙江省臨海市白水洋鎮青水坑假山村
清代の1897年に架橋。全長27m，幅2.4m，高さ6.8m。

古洞橋 ［右上］
浙江省寧波市鄞州区横街鎮新洞山村〈庄家渓〉
別名・翠山寺橋。宋代（960～1279年）に創建。全長30m，幅4m，高さ15m。参道橋として架けられていたが，道路工事のため，1.5km離れた現在地に移設された。小雪の舞う中で撮影。

白雲橋 ［右下］
浙江省余姚市鹿亭郷中村〈大渓〉
唐代の627～49年に創建，清代の1890年に重建。全長25.3m，幅3.8m。

24　浙江省

浙江省 25

阮社繊道橋
浙江省紹興市紹興県柯橋鎮阮社〈浙東古運河，蕭興運河〉
別名・官塘橋。晋代（265〜420年）に創建，唐代の815年
に重建，清代の1862〜74年に再建。蕭興運河に並行して架
けられた全長386m，幅2.5mの舟曳き橋。この運河は幅が
広く，運河を溯る船が風や波の影響を受けやすいため，人
がロープで船を引っ張るために造られた橋。

浙江省

避塘橋
浙江省紹興県東浦鎮湖口村〈狭猪湖〉
明代の1642年に創建。全長3500mの石梁橋。
湖の西岸近くを航行する船は風や波の影響
を受けやすく、人がロープで船を引っ張る
ために造られた舟曳き橋。今まで取材した
橋の中で最長の石橋。国指定重要文化財。

仕水矴歩橋
浙江省温州市泰順県仕陽鎮渓東村〈仕陽渓〉
別名・琴橋。明代（1368～1644年）に創建，清代の1795年に再建，1820年に重建。全長136mの沈下橋。この仕水には，この橋と同じような矴歩橋が五つ架かっている。国指定重要文化財。

鼎峰湖石梁橋
浙江省麗水市縉雲県仙都風景区鼎峰湖〈好渓〉

別名・済川寧丁橋。清代の18世紀頃に創建。全長77m，幅0.7m，高さ0.8m。すぐ下流に新しい橋が架かっているが，村人たちは今もこの橋を使っている。

戊己橋
浙江省寧波市寧海県胡陳鎮西張村〈南大麦塘口中堡渓〉

清代の1849年に架橋。全長150m，幅1.5m，高さ2.4m，48径間の中国最長の柱脚式石橋（石平橋）。国指定重要文化財。

前湖橋
浙江省麗水市縉雲県仙都郷上前湖村〈好渓〉

別名・練渓石梁橋。清代の18世紀頃に創建。全長145m，幅0.7m，高さ1.4m。橋の近くに小学校があって，対岸の村から通う子供たちの通学道になっている。

聯安石板橋
浙江省温州市平陽県騰蛟鎮〈帯渓〉
清代（1644〜1911年）末に架橋。全長240m。

八卦橋
浙江省瑞安市陶山鎮陶峰村〈陶渓河〉
宋代の1174〜89年に創建。全長25.4m，高さ5.5m，幅2.3m（床石5枚），5径間の石梁橋。中国で初めて目にした珍しい形の橋。

板堰橋
浙江省麗水市縉雲県仙都郷板堰村（仙都風景区朱潭山）〈好渓〉
清代の18世紀頃に創建。全長115m，幅0.6m，高さ0.8m。仙都風景区を流れる好渓には，この橋を含めて五つの沈下橋が架かっている。

浙江省　31

永和橋
浙江省龍泉市安仁鎮〈西渓〉
明代の1465年に創建，清代の1718年に重建。全長125m，幅6.4m，高さ13mの長大廊橋（風雨橋）。石積み橋脚の上に長い木造廊屋が載っていて，橋の両端にはそれぞれ27段の石段がついている。国指定重要文化財。

通州橋　　　　　　　　　　　　　　［右上］
浙江省蘭渓市墩頭鎮塔山村〈梅渓〉
清代の1758年に創建，清代の1886年に木造橋を石橋に改建。全長84.8m，幅4m，高さ8m。

歩蟾橋　　　　　　　　　　　　　　［右下］
浙江省麗水市慶元県挙水郷月山村〈挙渓〉
明代の1403〜24年に創建，1917年に修復。全長51.6m，幅5.2m，高さ9.6mの廊橋（雨風橋）。

32　浙江省

浙江省 33

如龍橋
浙江省麗水市慶元県挙水郷月山村〈挙渓〉
明代（1368〜1644年）初期に創建，明代末の1625年に修建。現在，全国で最長寿命の木造廊橋（風雨橋）。橋の形は，宋代の960〜1127年に「清明上河図」に表現された河南省開封市（北宋の都であった）の汴水虹橋に似ている。全長28.2m，高さ6m。国指定重要文化財。

34　浙江省

浙江省 35

渓東橋
浙江省温州市泰順県泗渓鎮〈東渓〉
明代の1570年に創建，清代の1745年に重建。全長65mの廊橋（風雨橋）。国指定重要文化財。

蘭渓橋 ［右上］
浙江省麗水市慶元県五大堡郷西洋殿村〈蘭渓〉
明代の1574年に創建，清代の1794年に改修。全長48mの廊橋（風雨橋）。

北澗橋 ［右下］
浙江省温州市泰順県泗渓鎮下橋村〈北渓〉
清代の1675年に架橋。全長50mの廊橋（風雨橋）。国指定重要文化財。

浙江省 37

黄水長橋
浙江省麗水市慶元県合湖郷黄水村〈黄水渓〉
清代の1754年に架橋。全長54.9m，幅4.9m，
高さ8.7mの廊橋（風雨橋）。

后坑橋
浙江省麗水市慶元県竹口鎮楓堂村〈竹口渓〉
別名・紅軍橋, 普済橋。清代の1671年に創建。
全長36.2m, 幅5.4m, 高さ6mの廊橋（風雨
橋）。橋の床には煉瓦状の石が整然と敷き詰
められている。国指定重要文化財。

薛宅橋
浙江省温州市泰順県三魁鎮薛外村〈錦渓〉
明代の1512年に創建，清代の1856・1986年にそれぞれ重修。全長51m，幅5.1m，高さ10.5mの廊橋（風雨橋）。木材は杉と樟が使われている。国指定重要文化財。

文興橋
浙江省温州市泰順県筱村鎮坑辺村〈玉溪〉
清代の1857年に架橋。全長46.2m、幅5m
の廊橋（風雨橋）。国指定重要文化財。

浙江省　41

大倉橋
上海市松江区城西〈古市河〉
明代の1626年に架橋。全長54m，
幅5m，高さ8m。

放生橋
上海市青浦区朱家角鎮〈曹港河〉
明代の1571年に創建，清代の1812年に重建。全長72m，幅5m，高さ7.4m。細いアーチ橋脚を持つ典型的な江南水郷の橋。

普済橋
上海市青浦区金澤鎮〈市河〉
別名・聖堂橋。宋代の1267年に創建。全長26.7m, 幅2.8m, 高さ5mの単一アーチ橋。上海郊外の中では一番古い橋。この金澤鎮には宋代から清代に架けられた橋が多く,「橋の博物館」といわれている。

秀塘橋 ［下］
上海市松江区城西〈古市河〉
明代の1465～87年に架橋。全長43m, 幅5m, 高さ11m。大倉橋 (p.42) と兄弟橋といわれている橋。

天皇閣橋 ［右下］
上海市青浦区金澤鎮〈古市河〉
別名・天王橋。明代 (1368～1644年) に創建, 清代の1698年に重建。全長22.2m, 幅2.8m, 高さ4m。

上海市 45

迎祥橋
上海市青浦区金澤鎮〈市河〉
元代の1335〜40年に創建，明代の1462年と清代の1748年にそれぞれ重建。木，石，磚を用いた全長34.5m，幅2.4mの珍しい構造の橋。

林老橋　　　　　　　　　　　［下］
上海市青浦区金澤鎮〈市河〉
別名・関爺橋。宋〜元代の1264〜94年に創建，清代の1730年に重建。全長24m，幅3m，高さ3.4m。

金澤放生橋　　　　　　　　［右下］
上海市青浦区金澤鎮〈市河〉
別名・総管橋。明代（1368〜1644年）に創建，清代の1791年に重建。全長28.5m，幅2.4m，高さ4m。

上海市 47

宝帯橋
江蘇省蘇州市呉中区京杭大運河と澹台湖の間〈玞玞河〉
俗称・舟曳き橋。唐代の816～19年に創建，明代の1442年に重建。全長317m，幅4.1m，53連のアーチ橋。京杭大運河と澹台湖が交差する所の運河上に，運河と並行して架かっている。当時，首都長安へ向かう王室の穀物船が運河を溯る際，向かい風の影響受けるので，人がロープで船を引っ張るために造られた橋。

江蘇省

上坊橋

江蘇省南京市秦淮区光華門外紅花郷七橋村〈秦淮河〉
明代（1368〜1644年）初期に創建，清代の1649年に重修。全長89.6m，幅13m，高さ25m。橋の傍で水面上にいつも姿を見せている空想上の石造動物は，前夜の大雨で川が増水したため姿を現さなかった。

行春橋
江蘇省蘇州市南西の上方山麓石湖景区内〈石湖〉
宋代の960〜1127年に創建，宋代の1189年に重建。
全長54m，幅5.2m，高さ2.6m。

江蘇省

呉門橋
江蘇省蘇州市蘇州城南西の盤門外〈古運河,外濠〉
宋代の1084年に創建,同じく宋代の1228～33年と清代の1872年にそれぞれ重建。全長66.3m,幅4.8m。

楓橋

江蘇省蘇州市寒山寺風景区楓橋〈楓江〉
唐代の627〜49年に創建，清代の1867年に重建。
全長38.7m，幅3m，高さ7mの単一アーチ橋。
唐の詩人張継の「楓橋夜泊」の詩により日本人に
も馴染みの深い橋。撮影日は大雨強風だった。

五亭橋
江蘇省揚州市市内〈痩西湖〉
別名・蓮花橋。清代の1757年に架橋。全長53m,
幅19.1m, 高さ6m。痩西湖の名所の一つで,
鑑真和上ゆかりの大明寺はここから近い。

永済橋
山東省済南市平隠県東阿鎮老城〈狼渓河〉
明代の1500年に創建，その後三度改建。現在の橋は明代の1617年に重建。全長55m，幅6.2m，高さ4mの単一アーチ橋。欄干の望柱に多くの彫刻が載っている。

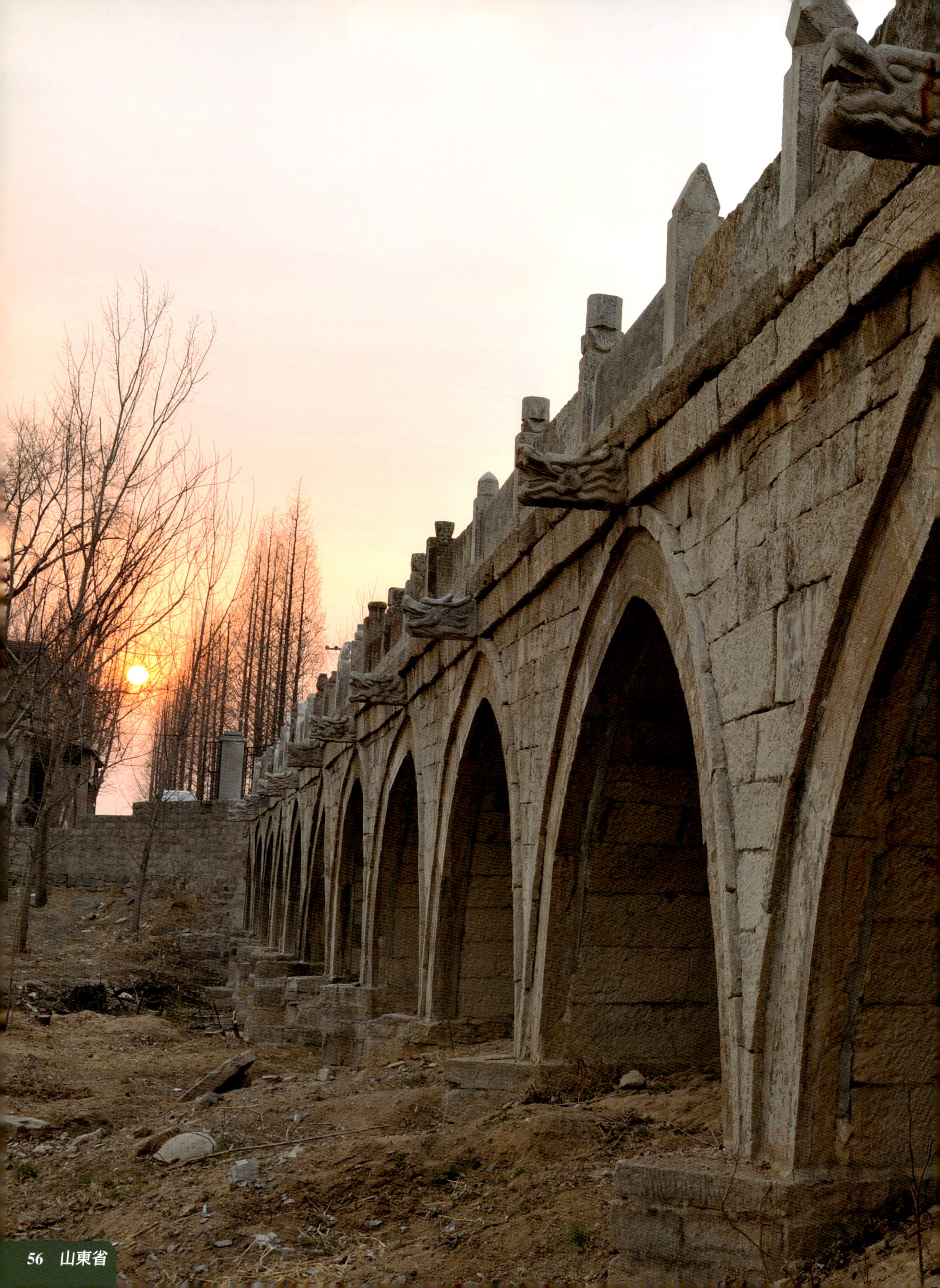

信量橋
山東省臨沂市沂南県辛集鎮苗家曲村〈潮溝河〉
明代（1368～1644年）初期に創建，同じく明代の
1449年に重修。アーチ頂部には龍頭（上流側）と
龍尾（下流側）がそれぞれ対になって付いている。
全長60m，幅4.6m，高さ6mの11連アーチ橋。彫
刻のある欄干の石板が盗まれたらしく，撮影時は
立ち入り禁止柵があって橋の上に入れなかった。

58　山東省

卞橋
山東省済寧市泗水県泉林鎮卞橋村〈泗河〉
紀元前690年（春秋時代）に魯国宣公により創建。その後各王朝時代に架け直し，現在の橋は金代の1181年に重建，明代の1581年に重修。全長25m，幅6m。

河北省

単橋
河北省滄州市献県南河頭郷北単橋村〈滹沱河〉
明代の1629年に架橋。全長77.5m, 幅9.5m, 高さ15mの中国の代表的な空腹式アーチ橋。2011年5月の取材時は公園化の工事中だった。橋傍のレストランの主人によると,「文化大革命の時, 近衛兵がこの橋を壊そうとしたが, 住民が橋の欄干石板に漆喰を塗って書いた『毛沢東語録』によって破壊を免れた」と。国指定重要文化財。

趙州橋
河北省石家庄市趙県〈洨河〉

別名・安済橋。隋の590〜99年に着工，605年頃に完成した。趙州橋公園内にある。全長50.8m，幅約10mの美しい弓型アーチ橋。アーチを内側から見上げると，やや細長い石を縦に積み上げて28列を束ねたリブアーチ構造になっている。またアーチの外側には，石と石がずれないよう腰鉄と呼ばれる鉄のクサビも使われている。唐から清代にかけて12回の大地震に見舞われながら倒壊することなく，架橋時の姿をほぼ留めている。当時の名工李春，李通などによって架けられた中国を代表する銘橋。国指定重要文化財。

河北省 63

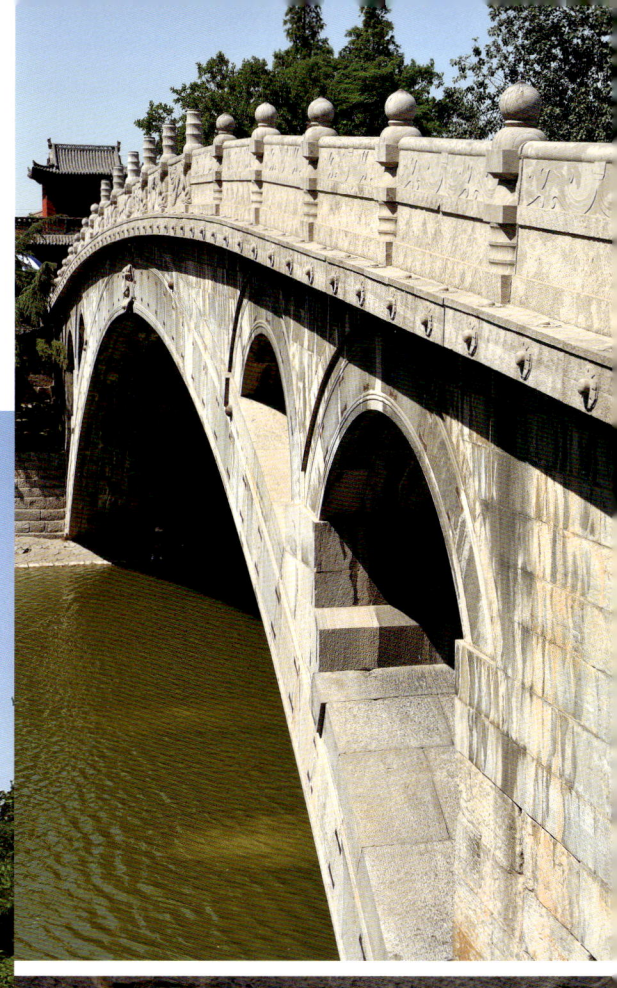

永通橋
河北省石家庄市趙県城西門外〈清水河〉
別名・小石橋。唐代の765年に創建。全長32m, 幅6.2m。永通橋公園の中にあり, 趙州橋 (p.62) を模倣したといわれている。

杜林登瀛橋
河北省滄州市杜林回族郷杜林東村〈滹沱河〉
別名・杜林石橋。明代の1594年に架橋。全長
66m，幅7.8m，高さ9mのアーチ橋。単橋
(p.60) と兄弟橋といわれている。

河北省 65

清明橋　　　　　　　　　　　　　　　　　　　［上］
河北省欒城県南趙村
唐代（618〜907年）に創建，明代の1466年に重建。全長44.2m，幅5m，高さ4.8m。周囲を煉瓦塀と柳の木で囲まれた清明公園の中にある。

貴妃橋　　　　　　　　　　　　　　　　　　　［下］
河北省安国市伍仁橋鎮伍仁橋村〈磁河〉
別名・伍仁橋。明代の1598年に創建。全長60m，幅7m，高さ6.5mの5連アーチ橋。

弘済橋 ［上］
河北省邯鄲市永年県東橋村〈洺陽河〉
明代の1481年に創建，1505年に木造橋を石橋に改建，1582年に重建。全長48.9m，幅6.8m，高さ6mの空腹式アーチ橋。撮影時は公園の造成工事中で，ひどい粉塵が舞い，レンズ交換もできないほどだった。

彩亭橋 ［下］
河北省唐山市玉田県彩亭橋鎮彩亭橋東村〈古蘭泉河〉
金代（1115〜1234年）に創建。全長19m，幅6m，高さ6.1m。

安済橋
河北省衡水市桃城区勝利東路〈滏陽河〉
別名・衡水石橋，衡水安済橋。明代の1457年に創建，1553年に木造橋を石造橋に改建。全長116m，幅5.8m，高さ7.8m。中央アーチは日中戦争の際（1937年10月）に破壊されて修復。

永済橋 ［下］
河北省石家庄市深澤県趙八鎮趙八村〈磁水〉
明代の1581年に創建。全長70m，幅6.3m，高さ6.8mのアーチ橋。

胡良橋 ［右下］
河北省涿州市城北の下胡良村〈胡良河〉
明代の1574年に創建。全長69m，幅9.1m，高さ4.4mの5連アーチ橋。

河北省 69

河北省

涿州永済橋
河北省涿州市涿州城北〈拒馬河〉
俗称・大石橋。明代の1574年に創建，明代の1588・1626年，清代の1760年にそれぞれ修繕。全長153m，幅8.5m，高さ4.2mの長大アーチ橋。遼寧省の瀋陽から北京の南へ向かう昔の幹線道路沿いには，この橋を含めて三つのアーチ橋が架かっている。国指定重要文化財。

方順橋
河北省保定市満城県方順橋鎮方順橋村〈曲逆河〉
晋代の309年に創建。その後清代（1644〜1911年）
まで，各時代に幾度も修建を重ねてきた。全長
30.6m，幅8m，高さ6.1mの3連アーチ橋。

磁県滏陽橋
河北省邯鄲市磁県南関〈滏陽河〉
明代の1507年に創建。全長12m，
幅3m，高さ2.5m。

河北省 73

清東陵石橋
河北省唐山市遵化県西北部馬蘭峪・昌瑞山
清東陵は広さ25km²の広大な面積を有し、世界文化遺産に登録されている。陵の前には大理石を用いたアーチ橋がいくつも架かっている（写真2点は別々の橋）。

蛤蟆橋
河北省邢台市臨城県黒城郷竹壁村
別名・三叉紫金橋。明代の1630年に着工，清代の1691年に完成。全長81m，幅6m，高さ8m。

河北省 75

渡津橋
河北省高陽県邢家南郷留祥佐村〈孝義河〉
別名・石柱橋。明代（1368〜1644年）に架橋。
全長6.5m，幅1.8m，高さ3.8m。白洋淀（湖）
に注ぐ孝義河には多くの石柱橋が架けられて
いたが，車を通す新しい道路橋に架け替えら
れて，今はほとんど残っていない。

井陘橋楼殿
河北省石家庄市井陘県蒼岩山
隋代の581〜600年に架橋。蒼岩山山頂の福
慶寺境内にあって，橋の高さは谷底から70
mもある。橋の上に間口9m，奥行き5.4
mの楼殿が載っている。橋は創建以来，一
度も修理されたことがないといわれている。

河北省

北京市

盧溝橋
北京市豊台区〈永定河〉

金代の1192年に，3年の歳月をかけて完成。全長266.5m，幅7.5mの11連アーチ橋。橋周辺は公園として整備され，内外の観光客が訪れている。両側欄干の281本の望柱上に様々な姿態を見せる石造獅子が501個も載っている。雄は毬で遊び，雌の体には子獅子がまとわりつき，変化に富んだ姿はまるで生きているようだ。その他橋東端にも大獅子，西端には象の姿も見られる。橋が完成しておよそ100年後にここを訪れたイタリア人の旅行家マルコ・ポーロは，『東方見聞録』に「世界でまたとない最高の橋だ」と記している。国指定重要文化財。

80　北京市

北京市 81

荇橋
北京市頤和園〈万字河〉
一名「織女橋」,「万字橋」ともいう。清代の1736〜54年に架橋。全長25m,幅4.8m,高さ4m。

玉帯橋 ［2000年10月撮影］
北京市頤和園〈玉河，昆明湖〉
俗称・駱駝橋。頤和園の昆明湖長堤上にある。清代の1736年に架橋。全長36m，幅6.5m，高さ10m。白色玉石を用いた美しい曲線の橋。

琉璃河大橋
北京市房山区琉璃鎮南の琉璃河北京深路傍〈琉璃河〉
明代の1539年に架橋。全長165.5m, 幅10.3m, 高さ8mの11連アーチ橋。涿州永済橋（河北省涿州市, p.70）, 胡良橋（同, p.69）とともに, 瀋陽から北京の南へ通じる当時の幹線道路に架かっていて, 現在の国道はこれらの橋に隣接して走っている。

北海公園永安橋
北京市西城区北海公園南大門〈北海〉
元代の1266年に創建，清代の1743年に木造橋を石橋に改建。全長85m，幅7.6m。両側欄干の望柱にハスの花の模様が刻まれている。

86　北京市

十七孔橋
北京市頤和園〈東堤，南湖島〉
頤和園の昆明湖の東堤と南湖島の間にある。清代の1750年に架橋。全長150m，幅8m，17連の三日月形をした美しいアーチ橋。頤和園にある橋の中で玉帯橋（p.82）とともに最もよく知られた橋。

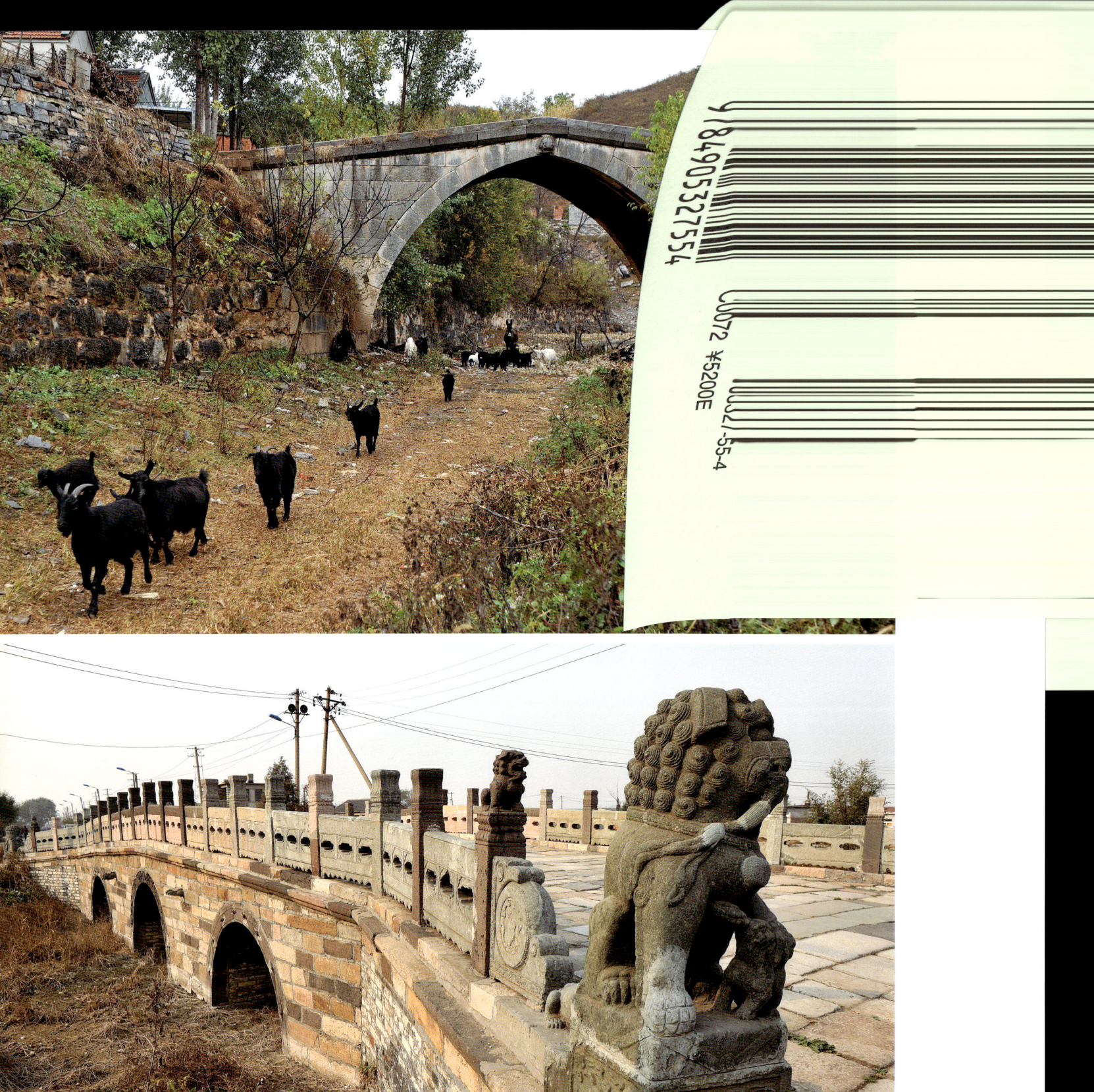

果香峪橋　　　　　　　　　　　　　　　　［上］
天津市薊県穿芳峪郷果香峪村
別名・北陵橋。清代（1644〜1911年）に架橋。全長5.6m，幅4.8m，高さ5.3m。清東陵建設工事の際，建設資材を運搬する道路橋として架けられた橋。

永安橋　　　　　　　　　　　　　　　　　［下］
遼寧省瀋陽市于洪区馬三家子郷永安村〈蒲河〉
明代の1641年に架橋。全長37m，幅14.5m。昔の瀋陽―北京間の幹線道路上に架かっていて，現代の国道はこの橋のすぐ横を迂回して走っている。

88　天津市・遼寧省

牛庄鎮太平橋
遼寧省海城市牛庄鎮〈牛庄護城河〉
元代（1271〜1368年）に創建，清代の1849年に重建。全長50m，高さ5m。本来，22段ある石積み橋脚は堀の水位が高く，一部しか見えなかった。

魚沼飛梁橋
山西省太源市区晋祠圣母殿前の池
北魏代（384〜534年）に創建，宋代の1023〜32年に重建。中国最初の十字形の石梁橋。全長・東西19.6m，幅5m，南北19.5m，幅3.8m。

景徳橋
山西省晋城市澤州県城内の西大街〈西沙河〉
古称・西関大橋。金代の1189〜91年に創建。全長33m，幅4.8m，高さ4.9m。

遼寧省・山西省　89

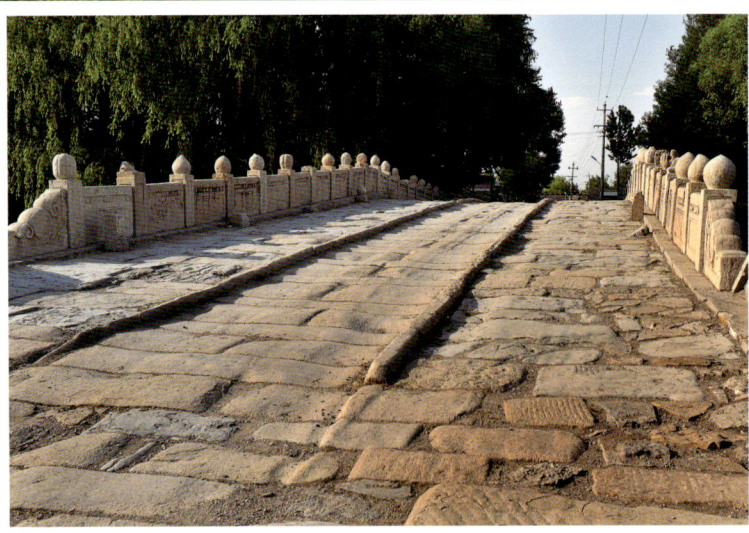

普済橋
山西省原平市山㟃陽鎮南門〈㟃川河〉
俗称・南橋。金代の1203年に創建，明代（1368〜1644年）と清代（1644〜1911年）にそれぞれ重修。全長34m，幅9m，高さ8mのアーチ橋。撮影中は柳の綿帽子が盛んに舞っていた。

恵済橋
山西省晋中市平遙県古城東門1華里
〈恵済河〉
清代の1671年に創建。平遙古城［上写真］近くにある全長80m，幅7.4mのアーチ橋。

山西省　91

北汝南河橋　　　　　　　　　　　　　　　［上］
河南省汝南県城北〈汝河〉
別名・北関大橋。明代の1505年に木造橋を
石橋に改建。全長55m，幅7.9m，高さ10m。
済民橋と同じ造りで，城門入口に架かって
いる。

雲渓橋　　　　　　　　　　　　　　　　　［中］
河南省浚県城西雲渓門外〈衛河〉
別名・廉川橋。明代の1508年に創建，1566
年に木造橋を石橋に改建。全長60m，幅12
m，高さ10m。

済民橋　　　　　　　　　　　　　　　　　［下］
河南省汝南県城東人街〈汝河〉
別名・東関大橋。明代の1483年に木造橋を
石橋に改建，清代の1651年に重建。全長55
m，幅7.3m，高さ18m。

92　河南省

小商橋
河南省漯河市臨潁県台陳鎮商橋村〈小商河〉
隋代の584年に創建，元代の1297〜1307年に重修。
全長20.8m，幅6.6m，高さ2.1mのアーチ橋。

登封橋
安徽省休寧県斉雲山鎮岩前村〔斉雲山北側〕〈横江〉
明代の1587年に創建，清代の1718・88・91年に重建。
全長148m，幅8m，高さ21mのアーチ橋。

安徽省 95

鎮海橋
安徽省黄山市屯渓区〈新安江〉
別名・老大橋，屯渓橋。明代の1563年に創建。
全長133m，幅6m，高さ10mのアーチ橋。

北渓橋
安徽省黄山市歙県北岸鎮北岸村〈北渓河〉
清代の1710年に創建。全長35.3m，幅4.7m，高さ6mの廊橋（風雨橋）。廊内の丸柱はすべて楠の木が使われている。

安徽省 97

蘭渡橋
安徽省休寧県斉雲山鎮蘭渡村〈横江〉
明代の1496年に創建，同じく明代の1607年，清代の1788年にそれぞれ重建。全長88.6m，幅6mのアーチ橋。

古城橋
安徽省休寧県万安鎮〈横江〉
明代の1582年に創建，清代の1716年に重建。全長180m，幅6.4m，高さ9.6m。

万壽橋
湖北省咸寧市咸安区桂花鎮万壽橋村と石鼓山村の間〈淦水河〉
清代の1847年に創建。全長34.4m, 幅4.8m, 高さ6m。この橋は白沙橋の下流に架かっている。

白沙橋
湖北省咸寧市咸安区桂花鎮白沙村〈淦水河〉
明代の1488〜1505年に白沙寺の僧により創建，清代の1857年に重修。全長34m，幅5m，高さ5.5m。白沙村を流れる淦水河には狭い範囲に三つの廊橋（風雨橋）が架かっている。

湖北省 101

磨橋
湖北省咸寧市通城県五里鎮〈雋水河〉
創建年代不詳，清代（1644～1911年）末に修建。全長147m，高さ1.7mの石板橋。2009年の水害で4径間が壊れていた。

東門橋 ［下］
湖北省荊州市荊州古城東門〈城外堀〉
明代末の16世紀頃に創建。全長98m，幅15.7m，高さ11.8m。橋に取り付けられた龍の口から一斉に放水されるのを期待していたが，放水は特別な行事の時に限られていて，残念ながら撮影できなかった。

保積祠跳式橋 ［右下］
湖北省咸寧市通城県彭瑕村
現地で情報を得て取材した。案内の村長によると，この素朴な橋は茶馬古道の橋の一つだったという。

湖北省 103

毓秀橋
陝西省韓城市南関町〈澽水〉
清代の1662～1722年に創建，1756年に重建。
韓城に向かう橋の入口に楼門が立っている。
古い歴史を持つ韓城の城壁は，文化大革命
時に破壊されて残っていなかった。

沙河九眼橋
陝西省咸陽市秦都区沙河橋村
明代の1450年前後に架橋。全長
47.3m，幅5.8m，高さ2.5m。

芝秀橋
陝西省韓城市芝川鎮芝東村・司馬遷祠墓区内〈芝水河〉
明代の1567～72年に創建，清代の1781年に改建。全長110m，幅5.2m，高さ1.8m。この橋は当時，交通の要所に架けられたが，今は主に参拝者用として使われているようだ。司馬遷祠山に登ると，黄砂の中に黄土高原が広がっていた。ここは日本へ飛来する黄砂の故郷ではないだろうか。

龍橋
陝西省咸陽市三原県城関鎮北の西関東村〈清峪河〉
明代の1591年に創建，清代の1700年に修建。全長
110m，幅11m，高さ26m。この橋の真上に新しい高
架橋が架かっている。

洛陽橋
福建省泉州市洛江区蔡襄路〈洛陽江〉
別名・万安橋。宋代の1059年に，6年8カ月の工期をかけて洛陽江河口に完成。全長834m（架橋当時は約1200m），幅7m，1径間ごとに長さ11mの長い石の梁を7本並べた47径間の石桁橋。牡蠣の繁殖を利用して石積み橋脚の崩壊を防いでいることから，今でも橋の周辺で牡蠣を採ることはできない。この石橋が完成するまで，ここは浮橋による渡しだった。国指定重要文化財。

福建省

安平橋　　　　　　　　　　　　　　　　　　　［右］
福建省泉州市安海鎮〈安海鎮と南安水頭鎮の間の海湾〉
橋の全長が五華里（一華里は0.5km）あることから別名
「五里橋」とも呼ばれる。宋代の1138年に着工，14年後
に完成。構造は洛陽橋（p.108）を模倣したといわれてい
る。全長2070m（架橋当時は約2500m），幅3～3.8mの
長大石桁橋。通行人のため，橋の途中に五つのあずま屋
が設けられている。橋脚の型は水深によって長方形，半
舟型，両舟型に分かれている。当時の泉州は貿易都市と
して繁栄し，多くの橋が架けられた。国指定重要文化財。

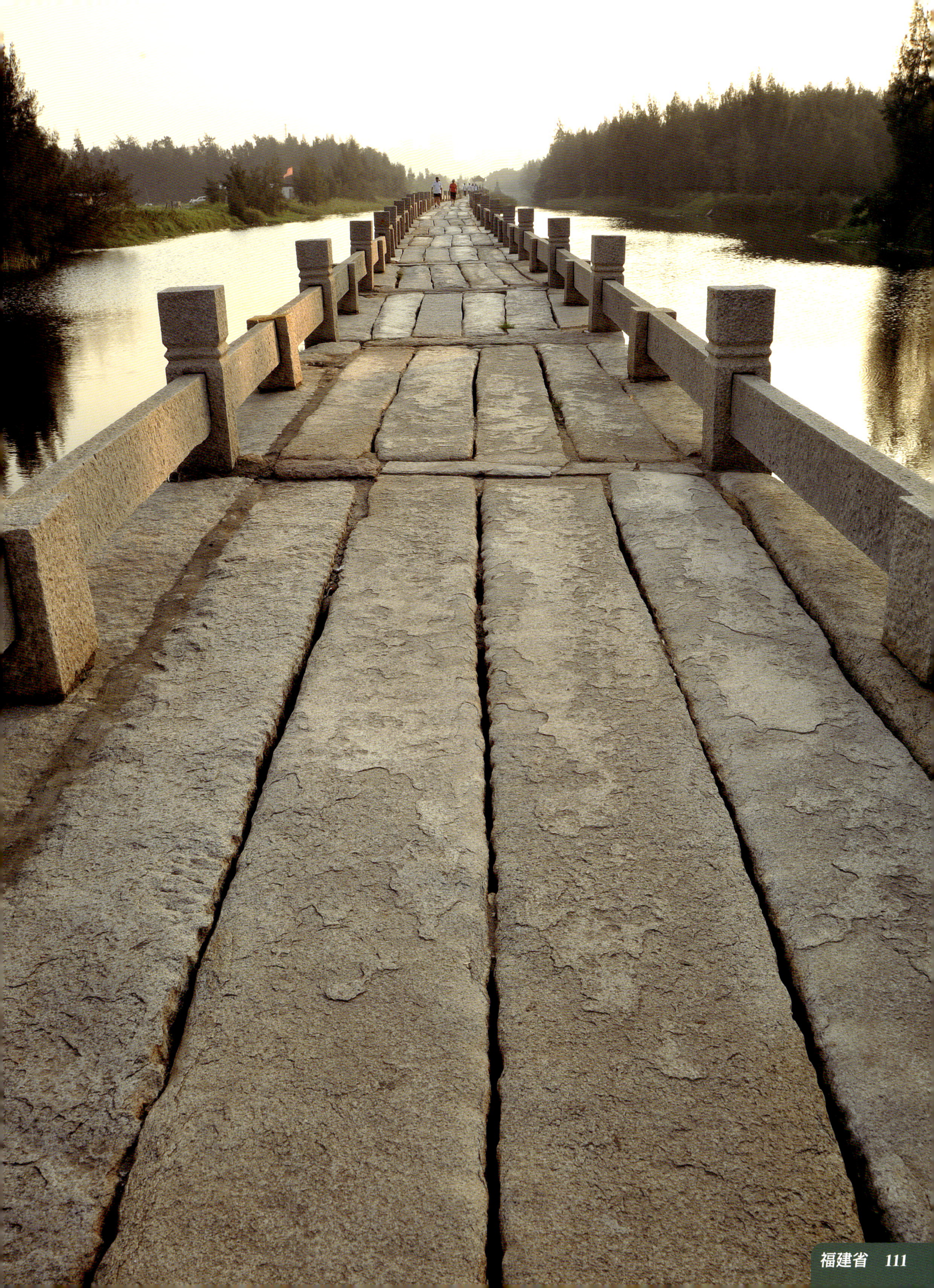

112　福建省

福建省 113

龍江橋
福建省福州市海口鎮〈龍江〉
宋代の1113年に，10年の歳月をかけて創建。全長476m，幅5mの長大橋。

延壽橋
福建省莆田市城廂区延壽村〈延壽渓〉
宋代の1127年に創建，明代の1427〜49年に重建。全長101m，幅3m余，高さ8.5m。石門，獅子像（両端）がある。13径間の石梁橋。

江口橋　　　　　　　　　　　　　　　[上]
福建省福清・莆田両県間の江口鎮〈錦江〉
別名・迎仙橋，龍津橋，尚陽橋。宋代の1192年に創建，明代の1426～35年に重建。架橋当時は34連のアーチ橋だったが，現在は中洲で分断されて半分の17連（福清側9連，莆田側8連）が残っている。撮影しながら，フランスのセーヌ川に架かるポン・ヌフの地形を思い出した。

江東橋　　　　　　　　　　　　　　　[下]
福建省漳州市龍文区と龍海市の境界〈九龍江北渓下流〉
別名・虎渡橋。最初は浮橋，次に木造橋，その後南宋代の1241年頃に石梁橋に改建。全長285m，高さ15m。3本並んだ石梁は長さ20m，重さ200トンもある。1933年に，当時の石梁を5径間残して新しい道路橋に改建された。

116　福建省

趙家堡汴派橋
福建省漳浦県趙家堡
明代の1600年に架橋。全長21m, 幅2m。現在, 趙家の子孫約300人がこの趙家堡の中で暮らしている。堡（城壁）は文化大革命時に破壊された。

躡雲橋
福建省福清市上逕鎮上逕村興化湾〈逕江〉
別名・上逕橋。宋代の1081年に創建。全長100m, 幅4m。夕暮れ時の橋の上は, 住民のコミュニケーションの場所に変わる。

木蘭陂・廻瀾橋
福建省莆田市城廂区霞林街道木蘭村木蘭山下〈木蘭渓〉
宋代の1064年に造られた福建省最大の古水利施設。堰を利用した全長219mの石板橋。橋の周辺には昔の渡し場跡の石畳が残っている。撮影している間にもバイクや荷を担いだ村人が次々に渡っていった。

福建省　117

東関橋
福建省泉州市永春県東関鎮東美村〈湖洋渓〉
南宋代の1145年に創建、全長85m、幅5m、
高さ15m。閩南特有の廊橋（廊雨橋）。閩は
福建省の古称。

福建省

鹿岡橋
江西省永豊県鹿岡村〈鹿岡河〉
明代（1368〜1644年）に架橋。全長9m，幅3m，高さ4m。

栖賢橋　　　　　　　　　　［下］
江西省星子県白鹿鎮〈三峡澗の渓流〉
別名・三峡橋，観音橋。宋代の1014年に架橋。全長20.4m，幅4.1m，高さ11mの単一アーチ橋。避暑地として知られる廬山東南麓にある栖賢谷の三峡澗の渓流に架かっている。アーチを構成する石と石は，7列共ほぞを使って固定されている。

恩江大橋　　　　　　　　　［右下］
江西省吉安市永豊県恩江鎮〈恩江〉
原名・済川橋。元代の1264〜94年に創建，明代（1368〜1644年），清代（1644〜1911年）にそれぞれ修建。全長356m，幅5.3m，高さ9.5m，22連の長大アーチ橋。

江西省

万年橋

江西省撫州市南城県万年橋村（塔山の麓）〈盱江〉
清代初期の1647年に創建。明代末の1633年までは浮橋だった。清代の1724年と1887年に修復。全長411m，幅6m，高さ20m，23連の中国最長のアーチ橋。

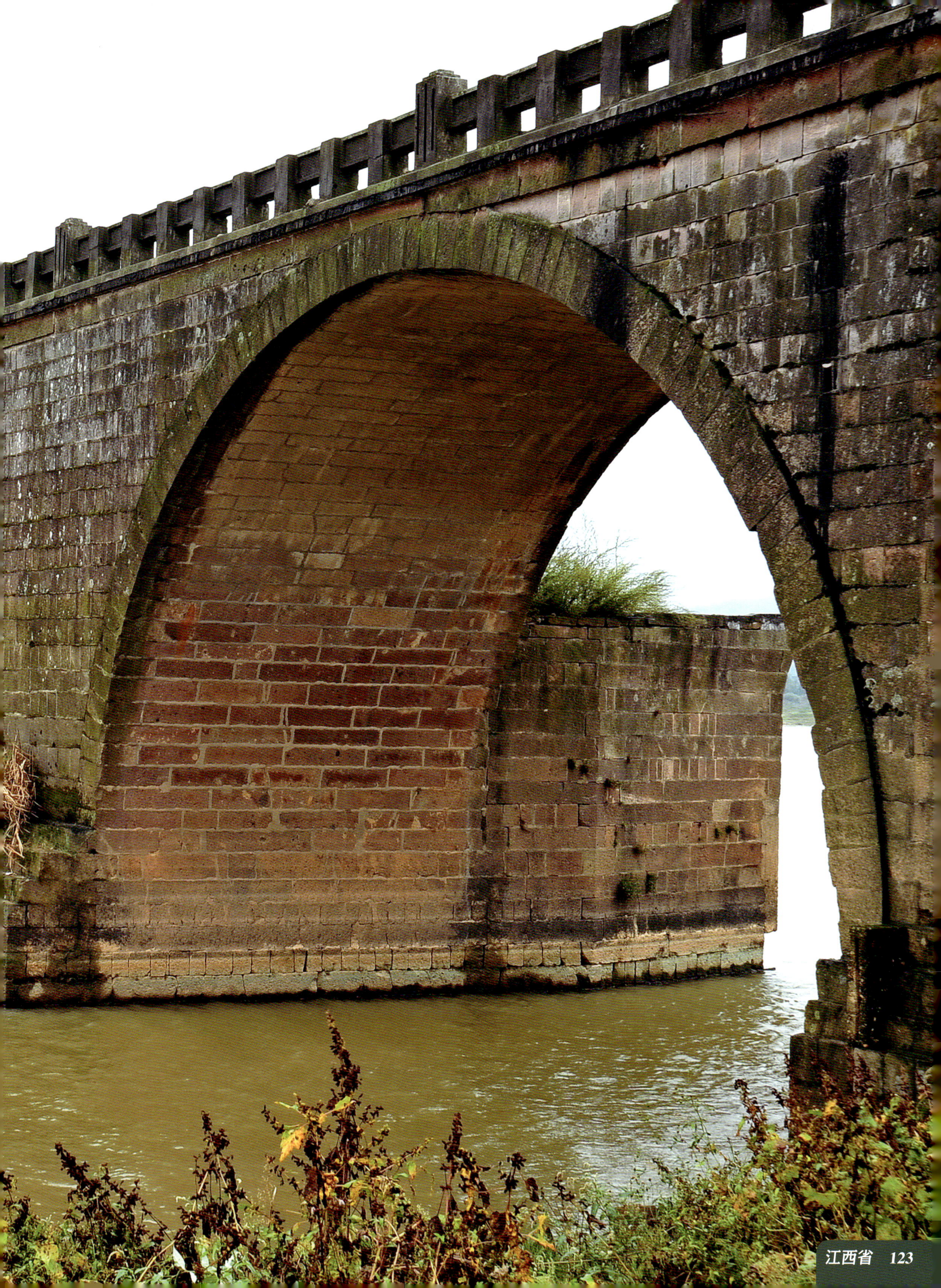

普済橋
広東省梅州市豊順県豊良鎮〈豊渓河〉
清代の1834年に架橋。全長96.6m，幅3.8m，高さ12m。この橋のすぐ上流には三つの沈下橋が架かっていて，人はもちろん，自転車，バイクも盛んに渡っていた。

広東省 125

永豊橋
湖南省婁底市双峰県永豊鎮〈湄水河〉
宋代の1008年～16年に創建，清代（1644～1911年）に再建。全長46.5m，幅5.8m，高さ8.2m。

多安橋
湖南省常徳市澧県県城内〈栗河〉
明代の1640年に創建、清代の1784年に重建。全長175m、幅7.7m。鋭利な造りの水切りが付いている。

湖南省

十義橋
湖南省益陽市安化県梅城鎮十里牌村〈伊溪〉
清代の1887年に創建。全長65m, 幅3.9m,
高さ10.2m。国指定重要文化財。

湖南省

永福橋
湖南省懐化市通道県高上村〈坪坦河〉
清代の1786年に架橋。全長19.32m，
幅3.8m。国指定重要文化財。

呉家橋 ［右上］
湖南省漣源市伏口鎮呉家橋村
橋を捜し求めて車で移動中，偶然見つけた再建中の橋。以前に架かっていた橋は，明代の1589年に架橋の呉家橋。明代の万歴年間（1573～1620年）に万歴古道に沿って架けられた16本の古橋の内の一つだった（全長11m，幅2.2m，高さ4.2m）。

峡山村石橋 ［右下］
湖南省婁底市双峰県花門鎮峡山村
清代の1900年に架橋。全長6m，幅2m，高さ3m。

湖南省

観月橋
湖南省懐化市通道県隴城鎮路塘村〈坪坦河〉
清代の1755年に創建。全長24.1m，幅5.38m，高さ19m。国指定重要文化財。

中歩三橋
湖南省懐化市通道県隴城鎮中歩村〈坪坦河〉
全長34.2m，幅5.8m，高さ17m。国指定重要文化財。

回龍橋
湖南省懐化市通道県坪坦郷坪坦村〈坪坦河〉
清代の1761年に架橋。全長63m，幅3.8m。懐化市通道県の坪坦河沿いには清代の1700〜1800年に架けられた10カ所の廊橋（風雨橋）がある。いずれも国重要文化財に指定されているが，その内の一つは撮影2カ月前の2014年2月，廊内の祭壇の線香が原因で焼失していた。国指定重要文化財。

普修橋 ［上］
湖南省懐化市通道県黄土郷新寨村〈坪坦河〉
清代の1736～96年に創建、1813年に修建。国指定重要文化財。

龍潭橋 ［下］
湖南省邵陽市新寧県飛仙橋郷龍潭村〈扶夷江〉
清代の1896年に架橋。全長78m、幅6m、高17mの廊橋（風雨橋）。悪路の山道を走ってやっと辿り着いた目的の江口橋（風雨橋）は、流失していて傾いた石の橋脚だけが残っていた。同じ扶夷江の下流に架かっていて、江口橋と姉妹橋といわれるこの橋を撮影した。

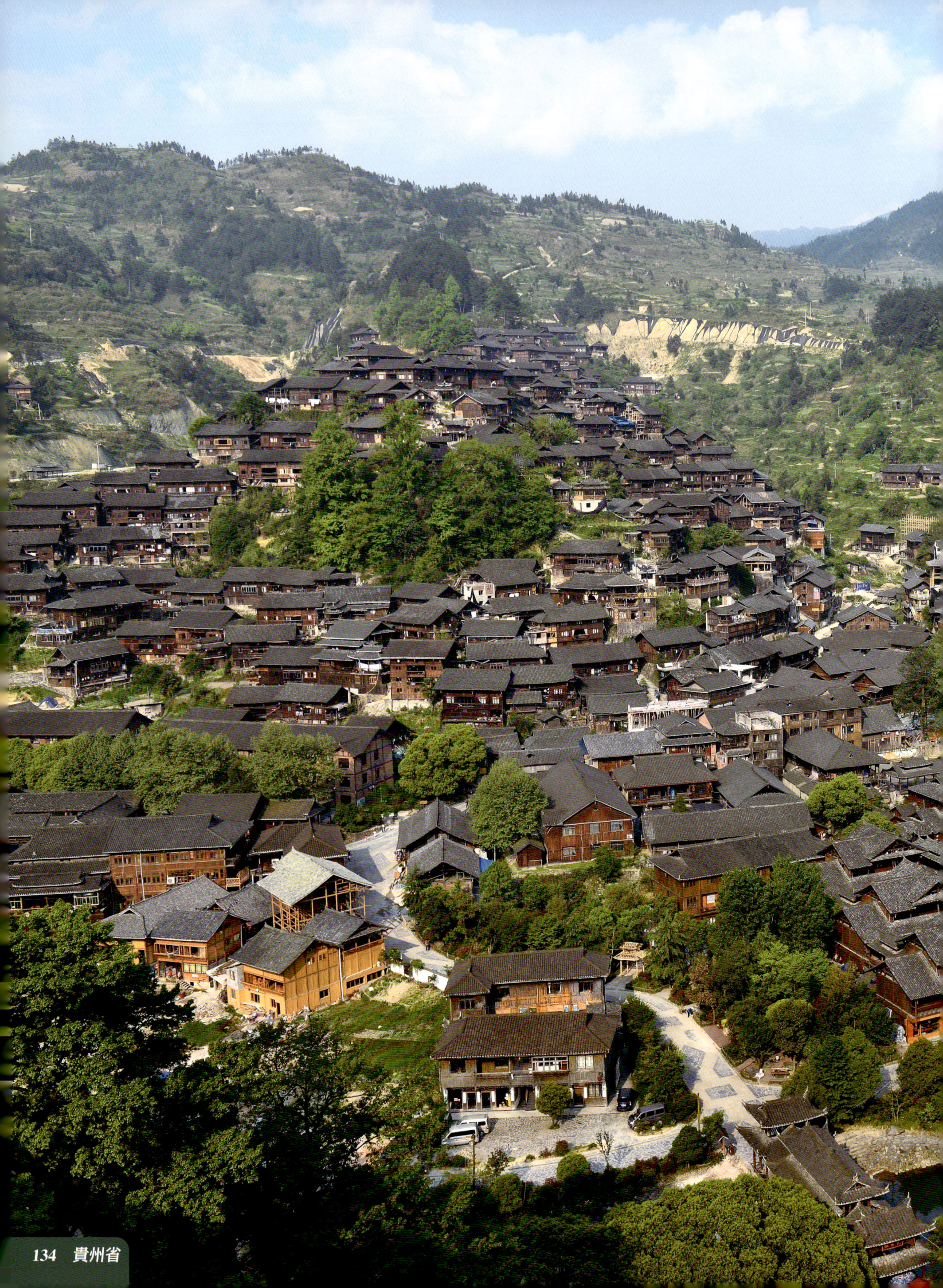

貴州省雷山県西江鎮・西江千戸苗寨
1250戸，5600人が住む中国最大の苗族集居村落

貴州省 135

西江風雨橋
貴州省雷山県西江鎮〈白水河〉
明代（1368〜1644年）に創建，清代（1644〜1911年）末に再建。ここ西江鎮は苗（ミャオ）族・侗（トン）族自治区で，村を流れる白水河には五つの廊橋（風雨橋）が架かっている。これは，上流から二番目（奥）と三番目（手前）の橋。

平越古城橋
貴州省福泉市福泉城壁
明代の1381年に創建。平越は福泉の古称で，橋は外堀河の上流と下流に架かっている。城壁は布依（ブイ）族が外敵の侵入を防ぐため福泉山を取り囲むように設けた。国指定重要文化財。

姫昌橋
貴州省清鎮市紅楓湖景区内〈猫跳河〉
清代の1837年に架橋。全長132m，15
連（架橋時は13連）のアーチ橋。上流
に新しい道路橋ができて，現在は歩行
者専用橋として使われている。

臥龍橋
貴州省黔南布依族苗族自治州恵水県三都鎮臥龍村〈漣江河〉
原名・心心橋。明代の1589年に創建，清代の1776年に重建。全長70m，幅6m，高さ6mの7連アーチ橋。

貴州省

葛鏡橋
貴州省福泉市東南の洒金谷風景区内〈麻哈江〉
俗称・豆腐橋。明代の1626年に創建。全長52.4m，幅8.5m，高さ約30mのアーチ橋。国指定重要文化財。

贵州省

大七孔橋
貴州省茘波県瑶山瑶族郷高橋村〈孟塘河〉
清代の1847年に創建，1877年に修建。全長
35m，幅4.5m，高さ7m。

堯所橋
貴州省茘波県洞塘郷堯所村
別名・楽善橋。清代の1832年に架橋。全長12m，
幅3m，高さ6m。橋の両端は石段になっている。

地坪風雨橋
貴州省黎平県東南地坪上寨〈南江河〉
別名・地坪花橋。清代の1883年に創建、1959年の火災で消失し、1964年に重建。全長56m、幅4.5mの廊橋（風雨橋）。国指定重要文化財。

朗徳上寨風雨橋　　　　　　　　　　［上・下］
貴州省雷山県朗徳鎮朗徳上寨〈望豊河〉
元代（1271～1368年）末から明代（1368～1644年）初期にかけて創建。ここ朗徳鎮は苗（ミャオ）族・侗（トン）族自治区で、村を流れる望豊河には四つの廊橋（風雨橋）が架かっている。上は一番上流の橋。全長29m、幅5.8m、高さ15m。国指定重要文化財。下は上流から三番目の橋。全長20m、幅5m、高さ9m。

貴州省 145

貴州省

祝聖橋
貴州省鎮遠県城東中河山・青龍洞風景区
〈舞陽河〉
原名・溪橋。明代の1369年に創建，清代の1723年に修建。全長135m，幅8.5m，高さ14m。国指定重要文化財。

富里橋
広西チワン族自治区桂林市陽朔県白沙鎮〈遇龍河〉
明代の1403～24年に架橋。全長30m，幅5m，高さ10mの単一アーチ橋。遇龍橋（右ページ）の500m上流に架かっている。

銅橋
広西チワン族自治区桂林市臨桂県会仙鎮〈古桂柳運河〉
唐代（618～907年）に創建。全長8.3m，幅1.5m，高さ1.5m。

桂林花橋
広西チワン族自治区桂林市七星公園内〈小東江〉
明代の1540年に木造橋を石橋に改建。全長125.2m，幅6.4m。国指定重要文化財。

遇龍橋
広西チワン族自治区桂林市陽朔県白沙鎮〈遇龍河〉
明代の1412年に創建，清代の1870年に修建。全長60m，幅5m，高さ9mの単一アーチ橋。国指定重要文化財。

程陽橋
広西チワン族自治区三江トン族自治県林渓郷程陽村〈林渓河〉
1916年に架橋。全長64.4m, 幅3.4m, 高さ10.6mの廊橋（風雨橋）。この侗（トン）族地区には多くの風雨橋があるが, その中でも代表的な傑作。侗族建築の特色として, この橋には一本の釘はもちろん, 一個の金属部品も使われていない。すべての組み木のつなぎはほぞ接合の方法がとられている。使われている木材はすべて地元産の杉。国指定重要文化財。

150　広西チワン族自治区

広西チワン族自治区　151

双竜橋 ［2004年3月撮影］
雲南省紅河州（ハニ族とイ族自治州）建水県城西
棠梨村〈瀘江河と塌冲河〉
俗称・十七孔橋。清代の1736〜95年に創建, 1839年に再建。全長148m, 幅3m, 高さ4.8mの17連アーチ橋。橋の中ほどに二つの楼がある

雲南省 153

154　四川省

瀘定橋
四川省甘孜チベット族自治州蘆定県城西〈大渡河〉

清代の1705年に架橋。全長103.6m，幅2.9mの鉄索吊り橋。橋は13本の鉄鎖で支えられ，鉄鎖の環には制作者の印がそれぞれ入っているという。国指定重要文化財。

珠浦橋
四川省都江堰市都江堰風景区内〈岷江〉

別名・安瀾橋。創建年代不詳，宋代の990〜94年に再建の竹索吊り橋。その後，清代の1803年にも再建。1956年に新しく都江堰を建設した際，竹索を鋼索に取り替えた。全長280m（架橋時は340m），幅3m余，高さ13m，最大スパン（支柱と支柱の間）は61m。都江堰は世界文化遺産に登録されている。撮影機材を背負い三脚を抱えて，必死の思いで揺れる橋を渡った。

四川省 155

撮影後記

榊　晃弘

　中国の橋を取材するきっかけは，九州に多い眼鏡橋。それを撮影しながら，このアーチの石組みは中国の技術だろうか，それともヨーロッパなのか――そのルーツを証明できる確かな文献がない。そのころ，『装飾古墳』（朝日新聞社，1972年）の縁で知遇を得た写真家土門拳氏（故人）から「橋の文化の視点で眼鏡橋のルーツを探る海外取材をやってみてはどうか」との助言をいただき，自分の目で橋を確かめてみようと始めた。

　取材に取りかかるまで，資料を調べるのに多くの時間を要したが，最初はスペイン，ポルトガル，南フランス，イタリアの南欧4カ国でローマ橋を取材し，『ローマ橋と南欧石橋紀行』（かたりべ文庫，2006年）として写真集を出版した。

　次は，いよいよ念願の中国の橋。中国は中世まで，「世界の橋梁王国」といわれるほど，アーチ橋をはじめ，さまざまな橋を生み出してきた。いずれも中国の風土に根ざした暮らしのための橋である。吊り橋，廊橋（風雨橋）などの架橋技術は海外に影響を与えたといわれている。

　雲南省の撮影ツアーで何度もお世話になった地元旅行社の呉亜民氏（写真家）に「中国に現存する隋の時代から清の時代までの古い橋を撮りたい」と相談したところ，「広大な中国の各地に散在する橋を，外国人のあなたが一人で捜すのは無理です」と言われて，ガイドの紹介を依頼した。

　観光地としても有名な盧溝橋（北京市）や趙州橋（河北省）の資料は日本でも入手できるが，他の橋の資料を入手するのは難しい。

　中国の専門書を取り寄せて，その中から架橋年代，構造の特徴，分布状態などを調べて取材リストを作った。ところが，肝心の橋の詳しい所在地が分からない。この所在地を調べる作業にかなり手間どった。広大な中国で橋を捜すには行政区の省，市，県，鎮，村と河川名を確認しておかないと現地にたどり着くのは難しい，と聞いていたからである。

　「いいガイドが見つかった」と知らせてきたのは，依頼して10カ月後のことだった。その後，10回にわたる取材すべてに同行をお願いすることになったのは王邦文氏である。彼は橋を含む中国の歴史にも精通していて，ガイド，通訳，ドライバーの三役を一人で兼ね，私の健康にも気を配る有難い存在だった。彼がいなければ今回の取材はできなかっただろう。取材期間は，現地での調査（1999～2008年）を除き，2010年3月から2014年4月までの間に集中して，橋のある16省と3特区（北京市・上海市・天津市）1自治区（広西チワン族自治区）を回った。

*

　取材は上海を起点に，飛行機，新幹線，夜行列車を利用し，その他はすべてレンタカーを使った。一つの橋を捜すのにまる一日かかることもあって，レンタカーの走行距離は一日に400～500キロ，時には700キロを超える日もあった。腰痛もちで，コル

山西省にて　　　　　　　　　　　　　　　　　　河北省にて

セット愛用の身には長時間の車の移動は堪えたし、旧式トイレで屈めないのにも弱った。

　都会や観光地の道路は舗装されているが、内陸部は対照的に道路整備が遅れている。湖南省では近年経験したことのないような未舗装の凸凹道を、辛うじて時速15キロ前後で3時間余り走ったが、上下、左右に激しく揺られ、ダウン寸前だった。簡易舗装の道路も至る所でアスファルトが割れて隆起しているため、レンタカーの底を打ち、ガソリンが漏れ出すのではないかと不安だった。悪路の原因は、省内で産出する石炭や建設資材などを満載した大型トラックが頻繁に通るかららしい。

　経済成長の著しい中国は、電力不足といわれている。火力発電所はフル稼働し、内陸部で産出する石炭を50トン積トラックで火力発電所へ輸送している。そのあおりをくって、山西省では大渋滞に巻き込まれた。石炭の荷受け待ちのトラックが55キロも列を作り、道路を塞いでいた。5月末の暑い日だったので、トラック運転手は車体の下にシートを敷き、悠然と寝ている。「このような渋滞はいつものこと、半日ぐらい待つことはよくある」と言っていた。

　また、河北省の国道を走っていると、至る所で黄色いトウモロコシを道端に広げて干している。食用にするものを、どうしてこんな汚い場所に干すのだろうか。ガイド曰く「これは食用ではありません、バイオ燃料の原料として売るためのものです」。なるほど、石油不足なのだろう。

　中国の広大な国土を実感したのは河南省だった。高速道路を5時間近く走っても見渡すかぎり平地ばかりで、山らしいものはない。道路沿いのポプラ並木以外、右も左もすべて緑一色の麦畑で、どこまで広がっているのか先端は霞んで見えない。この河南省だけで全中国の50％の食糧をまかなっていると聞き、なるほどと思った。

　最初の計画では古い石橋だけを取材する予定だったが、調べているうちに四川省の吊り橋や、浙江省、湖北省、湖南省、広西チワン族自治区などのユニークな廊橋（風雨橋）も中国の橋梁史上欠かせない存在だと分かって追加した。

　　　　　　　＊

　中国の橋を取材して感じたのは、橋の多様性は勿論のこと、そのスケールの大きさだった。例えば、石梁橋では全長3500メートルの避塘橋（浙江省）、石造アーチ橋では411メートルの万年橋（江西省）、吊り橋では支柱のない103メートルの瀘定橋（四川省）、風雨橋では125メートルの永和橋（浙江省）、他に136メートルの仕水矴歩橋（浙江省）など。

　ローマ橋の取材で橋の大きさには慣れていたつもりだったが、中国の橋のスケールは私の想像をはるかに超えていた。

　撮影の場合、どんな長大橋でも対岸まで必ず一度渡ってから撮影ポイントを決めるので、時間はいくらあっても足りない。古い石造アーチ橋の場合、欄

干の石板に故事を彫ったものが多い。これも撮りたい。そうこうしているうちに，予定の時間はあっという間に過ぎてしまう。

　また盧溝橋では，有名な橋上の獅子像を見ようと，団体の観光客が入れ替わり立ち替わり押し寄せてくるので，思ったように撮影できなかった。観光客はお気に入りの像を背景に，それぞれ自分のケータイで記念撮影を始めるから，終わるのをじっと待たなければならない。ところが，終わるか終らないうちに次の団体さんがやって来て，同じことを繰り返す。万事休す。結局，この橋を撮り終わるのに二日間もかかってしまった。

　今，中国は観光ブームだと思う。一昔前の日本を思い出しながら観光客の行動を注視していると，まず橋の東側にある抗日戦争記念館の見学を済ましてから，そのまま歩いて橋を訪れるのが観光コースとなっているようだ。前回訪れた2000年10月と比べて，橋周辺の環境は整備され，入園料35元の有料公園に変貌していた。

　当初予定していた橋の中で，第18回遣唐使円仁が旅行記『入唐求法巡礼行記』に記録を残している灞橋（陝西省）と風雨橋の江口橋（湖南省）は洪水で流失していて撮影できなかった。また，取材を始める前に長崎眼鏡橋の祖形に出会えるのではないかと大いに期待していたが，今回の取材では残念ながら期待外れに終わった。取材メモを見ると，中国国内の移動距離はおよそ5万6000キロ，地球を遙かに一周したことになり，中国の広大さを再認識した。

　　　*

　この本には，今回取材した橋の中から，架橋年代，所在地，種類，構造などを考慮して国指定重要文化財を含む165カ所の代表的な橋を選んで掲載した。中国全土の古橋の数から言えばほんの一部分かもしれないが，「中国古橋」の概要は推測できるのではないかと思う。

　最後に，取材で多大なご支援をいただいた（株）新出光代表取締役会長出光芳秀氏に心からお礼を申し上げます。また，ガイドとして厳しい取材を終始支えてもらった上海博覧国際旅行社有限公司の王邦文社長に謝意を表します。

　出版に際し，序文をお寄せいただいた片寄俊秀先生に心から感謝を申し上げます。花乱社代表の別府大悟氏には編集で大変お世話になりました。

参考文献
ジョセフ・ニーダム『中国の科学と文明』思索社，1979年
茅以升主編『中国古橋技術史』北京出版社，1986年
陸徳慶主編『Chinas Stone Bridge』人民交通出版社，1992年
マルコ・ポーロ『東方見聞録』平凡社・東洋文庫，1970年
円仁『入唐求法巡礼行記』平凡社・東洋文庫，1970年
武部健一編訳『中国名橋物語』技報堂出版，1987年
王邦文氏が中国各地の文物管理局と博物館の公開文献調査
　資料を編集翻訳したデータ

榊　晃弘（さかき・てるひろ）

1935年，福岡市に生まれる
1954年，福岡県立修猷館高等学校卒業
1958年，西南学院大学商学部卒業
現在，福岡市在住

◆著書
写真集『装飾古墳』朝日新聞社，1972年
写真集『装飾古墳』泰流社，1977年
写真集『眼鏡橋』葦書房，1983年
写真集『九州・沖縄　歴史の町並み』東方出版，2001年
写真集『薩摩の田の神さぁ』東方出版，2003年
写真集『ローマ橋と南欧石橋紀行』かたりべ文庫，2006年
写真集『万葉のこころ──筑紫路逍遥』海鳥社，2008年

◆個展
「装飾古墳」東京富士フォトサロン，小倉井筒屋 他
「眼鏡橋」銀座ニコンサロン，福岡県文化会館 他
「歴史の町並み」銀座・大阪ニコンサロン，福岡ＮＨＫホール，佐賀玉屋 他
「薩摩の田の神さぁ」新宿ニコンサロン，福岡市美術館 他
「ローマ橋紀行」新宿ニコンサロン，福岡市美術館，長崎県美術館，熊本県美術館
「万葉のこころ」新宿ニコンサロン，福岡市美術館，九州国立博物館 他
「兄弟二人展～石を描く・石を撮る～」福岡市美術館

◆受賞
昭和48年度　日本写真協会　新人賞受賞（写真集／写真展「装飾古墳」）
昭和59年度　日本写真協会　年度賞受賞（写真集／写真展「眼鏡橋」）
昭和59年度　土木学会　著作賞受賞（写真集『眼鏡橋』）
平成３年度　第16回　伊奈信男賞受賞（写真展「歴史の町並み」）
平成５年度　第18回　福岡市文化賞受賞
平成15年度　福岡県教育文化表彰
平成25年度　地域文化功労者文部科学大臣表彰

◆所属
（公社）日本写真協会会員／（公社）福岡県美術協会名誉会員／福岡文化連盟理事

中国の古橋
悠久の時を超えて

＊表紙カット：遠藤美香

2016年3月15日　第1刷発行

著　者　榊　晃弘
発行者　別府大悟
発行所　合同会社花乱社
　　　　〒810-0073 福岡市中央区舞鶴 1-6-13-405
　　　　電話 092(781)7550　FAX 092(781)7555
　　　　http://www.karansha.com
印　刷　ダイヤモンド秀巧社印刷株式会社
製　本　篠原製本株式会社
ISBN978-4-905327-55-4